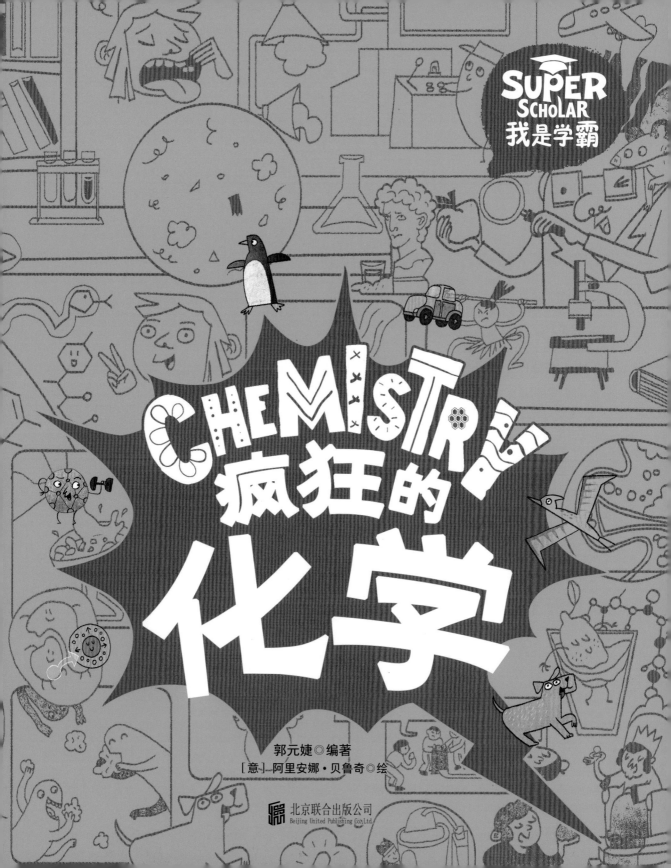

SUPER SCHOLAR
我是学霸

CHEMISTRY
疯狂的化学

郭元婕◎编著

[意] 阿里安娜·贝鲁奇◎绘

北京联合出版公司
Beijing United Publishing Co.,Ltd.

图书在版编目（CIP）数据

疯狂的化学 / 郭元婕编著 ;（意）阿里安娜 · 贝鲁奇绘 . — 北京 : 北京联合出版公司，2021.9（2024.8 重印）

（我是学霸）

ISBN 978-7-5596-5451-9

Ⅰ . ①疯… Ⅱ . ①郭… ②阿… Ⅲ . ①化学 – 儿童读物 Ⅳ . ① O6-49

中国版本图书馆 CIP 数据核字 (2021) 第 143803 号

出品人：赵红仕

项目策划：冷寒风

作　者：郭元婕

绘　者：[意] 阿里安娜 · 贝鲁奇

责任编辑：夏应鹏

特约编辑：李春蕾

项目统筹：李楠楠

美术统筹：吴金周

封面设计：罗　雷

北京联合出版公司出版

（北京市西城区德外大街 83 号楼 9 层　100088）

文畅阁印刷有限公司印刷　新华书店经销

字数 20 千字　720×787 毫米　1/12　4 印张

2021 年 9 月第 1 版　2024 年 8 月第 5 次印刷

ISBN 978-7-5596-5451-9

定价：52.00 元

目录

〇 有个性的小东西

究竟是什么魔法这么神奇？

莓莓

圆圈博士

豆豆

豆豆很崇拜圆圈博士，因为他会变魔法。他能将白的变成黑的，苦的变成甜的，剧毒的变成无毒的。他究竟是怎么做到的呢？原来，他有"小帮手"！

很久以前，一些小到看不见的东西和世界一起诞生了，它们叫原子。原子种类很丰富，人们给它们分别起了名字和简单的代号——元素符号。

H

元素符号

元素符号能让说不同语言的人都知道它表示的是什么元素。

我是原子，由质子、中子、电子组成。

原子

构成物质的最小单位。

原子手拉手连在一起，变成了稳定的小团队——**分子**。分子是物质单独存在、保持物理化学性质的最小粒子。

He

单质

化合物

由同种元素组成的纯净物叫"单质"，而不同种元素组成的纯净物叫"化合物"。

电子

离子

有时候原子的电子数量会变化，得失电子后成为离子。

2

分子们聚集在一起又会诞生出石头、水，或是你能摸到的一切东西。就连动物、植物，甚至我们自己，都是由无数的分子组成的。

一滴水里有上万亿亿个水分子。

构成物质的分子的排列不同，使物质有了不同的形态。

处于液态时，分子有规律地排列，但相对自由。

处于气态时，分子无规律排列，不容易聚集。

处于固态时，分子大多被固定住，很严格地排列在一起，不易移动。

分子是由原子组成的，那原子是最小的吗？

夸克
构成原子的微小粒子，它们不能够直接被观测到或是被分离出来。

不是哟，目前发现的最小的基本粒子是夸克。化学中暂时用不到夸克。

啊，我有点糊涂了。化学究竟是什么呢？

我们一起去探索化学的奥秘吧！

3

混合在一起就会有魔法吗

一个分子

多个原子

爱捣蛋的豆豆把莓莓画画用的颜料混在了一起，颜色全都乱了。

是化学的魔法让蓝色和黄色变成了绿色吗？

发生化学变化时，组成物质的分子被改变了，这是化学变化与物理变化的主要区别之一。

这是物理变化，颜料没有发生化学变化。

不是所有的奇怪现象都与化学有关。就像混合后的泥土和面粉，仅是变成了"**混合物**"，并没发生**化学变化**。

如果把一张纸点燃，火焰会将构成纸的分子们拆开，重新组合成其他物质。燃烧后形成的灰烬就是新物质之一。

化学变化必须有新的物质生成。

学习笔记

混合物：两种或更多物质混合在一起。

纯净物：只有一种物质，没有其他的物质混入其中。

纸完全燃烧后形成灰烬，无法再变回原样。

物理变化

撕碎纸片

切开蛋糕

打破玻璃

你还能找到更多的化学变化吗？

分割、打破等改变物品形状的行为所产生的变化是物理变化。而牛奶发酵、烹饪食物等有新物质生成的现象，才是化学变化哟。

水壶结出水垢

牛奶发酵

生米蒸熟

塑料降解

化学变化

想要拆开分子可不容易。组成分子的原子们牵着
"隐形的手"——**化学键**。化学键使原子稳定地连接
在一起形成分子，想拆开它们就得先打开化学键。 化学键

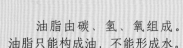

我们被化学键牢牢
连在一起，不能轻
易松开。

我是氢原子。

我是氧原子。

油脂由碳、氢、氧组成。
油脂只能构成油，不能形成水。

水分子由氢和氧组成，大量水分子才
能变成一小滴水。

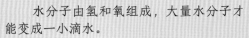

发生化学变化时会有什么不同呢？化学变化常常伴随有发热、
发光、色变等现象，甚至会爆炸、火花四射。

有时，人们希望某些物质发生化学变化；
有时，人们又希望阻止化学变化的发生。

馒头加热时，馒头里的小苏打就会按我
们所希望的，产生气体使馒头变松软。

和面　　　加入小苏打发酵

用蒸箱蒸熟

如果我们能够控制化学变化的发生，就能
用化学的魔法做很多事。

5

燃烧，古老的化学反应

了解了化学反应发生的原理后，莓莓点燃了两支蜡烛并告诉豆豆，自己掌握了世界上最古老的化学反应之一。

> 燃烧时究竟发生了什么呢?

> 燃烧是人类最早掌握的化学反应。

氧气趁机抢夺组成蜡烛分子的不同原子，把蜡烛分子"变成"了二氧化碳、水等物质。

被点燃的蜡烛，就像发生了大地震，蜡烛分子们开始混乱。原子间的化学键随时会断开。

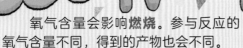

氧气含量会影响**燃烧**。参与反应的氧气含量不同，得到的产物也会不同。

煤炭+少量氧气→一氧化碳（有毒）+水

煤炭+足量氧气→二氧化碳（无毒）+水

2000年悉尼奥运会，水下火炬传递。

灭火器能灭火，是因为它可以阻断氧气。**可燃物**离开了氧气这个帮手，燃烧就不能进行了。反之，当供氧充足时，即使在水下，物体也能燃烧。

学习笔记

燃烧的条件：

①可燃物：能燃烧的东西。

②助燃物：帮助可燃物烧起来的东西。

③点火源：大部分燃烧需要外来的火源将可燃物点燃。

可燃物　助燃物　点火源

不同的物质燃烧时会出现不同颜色的火焰，有些还会产生巨大的能量，这股能量甚至可以把火箭推到天上去！

黑火药的组成

硝酸钾

炭

硫黄

不同的金属燃烧时，火焰的颜色不同，这种现象被称为"焰色反应"，不过焰色反应属于物理变化哟。

镁 铜 钙 锂 钠

危险！鞭炮爆炸容易造成人员伤亡。

燃料在发动机燃烧室里燃烧，产生大量高压气体，能把火箭送到很高很高的天上去。

鞭炮"肚子"里的火药燃烧时会产生大量的气体，气体撑破鞭炮"肚子"，就有了"砰"的一声炸响。

小朋友，你知道为什么燃气灶上的锅不会飞起来吗？是因为气体喷出速度不够快。

7

餐桌上的化学变化

博士你又做了什么?

那是一场生死大战,我用化学征服了蛋白质王国和大米王国!

圆圈博士还有另外一间神奇的实验室,他刚在那里完成了一场非比寻常的"战斗"。

博士先派出了油脂冲锋队进攻蛋白质王国。随着战场上温度的不断升高,蛋白质王国的士兵逐渐失去了战斗力,而油脂冲锋队越战越勇,很快就征服了这个王国。

油脂　　蛋白质

在攻打蛋白质城堡时,博士又向有淀粉士兵守卫的大米王国发起了进攻并将其征服。

"战斗"很精彩,但是豆豆和莓莓闻到了一股焦味。原来,根本没什么战斗,是博士想给它们俩做红烧肉,但是肉却被烧煳了。

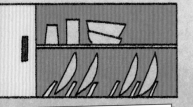

肉虽然煳了,但是米饭做成功了。

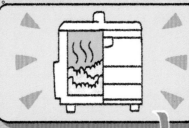

糊化反应:能让米饭变得软糯香甜。

在油锅中煎炸的肉类,其所含蛋白质发生了变质。

炒菜做饭能有化学什么事？

烧、烤、煎、炸产生的高温让蛋白质、油脂和碳水化合物发生美拉德反应。反应越剧烈，散发出的香味越香浓。但是反应时间太长，食物会变成焦炭，而温度过高时，会生成有害的坏东西。

当然有啦，化学反应是使食物变美味的秘诀之一。

人们在做菜时常加入老抽、生抽等酱油类调味料，它们在受热之后会与食材发生酯化反应，能够去除肉类食材中的腥味儿。

据说最早的酱油是由鲜肉腌制而成，因为风味绝佳渐渐流传到民间，后来，人们发现用大豆制成的酱油与之风味相似且更便宜。

辣味来自辣椒素，它会在味蕾上产生化学反应，使味蕾感到"疼痛"。

还有一些反应会发生在我们吃了食物之后。

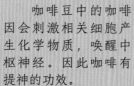

咖啡豆中的咖啡因会刺激相关细胞产生化学物质，唤醒中枢神经。因此咖啡有提神的功效。

学习笔记

食物的主要成分有：蛋白质、碳水化合物、脂肪、维生素等。烹饪时，伴随着各种化学反应的发生，这些东西被改变，生成了新的东西。

化学家不一定能成为好厨师，但妈妈可以。

舌头被骗了

爱吃糖的豆豆和莓莓带着一筐酸苹果来到圈圈博士的实验室，想让博士用化学魔法把苹果变成甜甜的苹果糖。

哦，小可爱们，苹果糖并不是用苹果做的。

很多果味糖果、饮料都是通过食用香精来调味，并不是真的用水果做的。

食用香精是一种食品添加剂，有些可以溶解到水里，水就会拥有跟某种水果很像的味道。

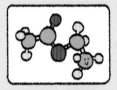

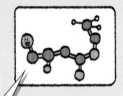

果味饮料的成分主要是水、食品添加剂、白砂糖。

水果具有易挥发的芳香物质，人们通过研究不同的水果的味道，"抓"出了这些芳香物质，并发现了它们的组成特点，从而复制了水果的香味。

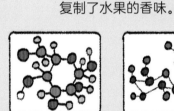

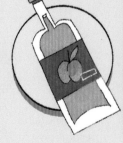

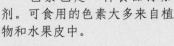

绿色的饮料是苹果味的，橙色的饮料是橘子味的。绿色的饮料可以变成橘子味吗？

色素也是一种食品添加剂。可食用的色素大多来自植物和水果皮中。

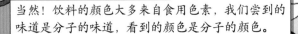

当然！饮料的颜色大多来自食用色素，我们尝到的味道是分子的味道，看到的颜色是分子的颜色。

人们将能辨别出的不同味道概括为酸、甜、苦、咸 4 种基本味道。这些味道能被舌头上分布的味蕾轻松识别出来。后来，又有人提出了第五种基本味道——鲜味。

基本味道中没有辣味。

辣不是味觉，它属于痛觉。

这个好酸！

这个是甜的。

味蕾上有很多受体蛋白，每种受体蛋白可以识别一种味道。**食用香精**能欺骗味蕾，让味蕾误以为这是食物本身的味道。

色素和甜味剂也属于"食品添加剂"。

味蕾还会被另一种物质——糖醇欺骗。

木糖醇、赤藓糖醇都是甜甜的，但是它们并不是我们所说的蔗糖，只是吃起来味道跟糖一样而已。

学习笔记：

食品添加剂是为改善食品色、香、味等品质，以及为防腐和加工工艺的需要而加入食品中的人工合成或者天然物质。

炸鸡块的美味秘诀是人们将鸡胸肉打碎，加食品添加剂、调味料，再做成鸡块。

如果吃多了蔗糖，牙齿会坏掉。木糖醇虽然甜，它却有预防龋齿的功能。

神秘的水世界

豆豆和圆圈博士正在探讨一个"深刻"的问题。难得好学一次的豆豆很是疑惑地问："自来水不能直接饮用，为什么用自来水洗过的苹果就可以吃呢？"

"那我们先来认识一下自来水。"

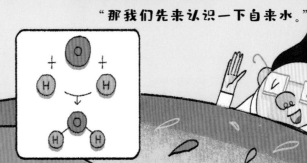

透明无味的水其实并不简单。水里的矿物质非常丰富，不仅含有常量元素钙，还含有许多微量元素。

同样是水，海水是咸咸的，河水和湖水则没有咸味儿。这是因为海水里融入了一种叫作氯化钠的东西，没错，它就是食盐的主要成分。

水的分子结构：一个氧原子、两个氢原子，"代号"：H_2O

水约占人体体重的70%。它参与人体的新陈代谢，而新陈代谢包含了人体内许多重要的化学反应。

70% 水

水能溶解很多东西。当水蒸发后，海中的盐分不变，海水会变得更咸哟。

水能吸收气体。海洋能抓捕大部分的二氧化碳，维持空气中二氧化碳的稳定。

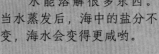

CO_2

CO_2

我怎么看不出海水和河水有什么区别？

色泽鲜亮的苹果上其实附着大量的细菌、农药等有害物质，而水是很好的溶剂，它能带走苹果表层大部分会伤害身体的坏东西，被水洗过的苹果就会变干净。

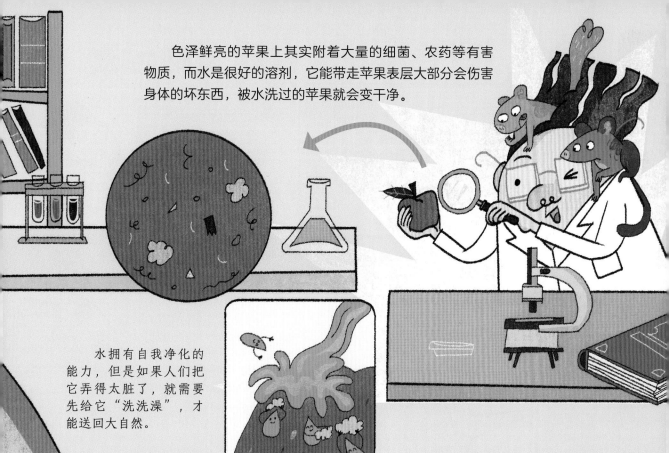

水拥有自我净化的能力，但是如果人们把它弄得太脏了，就需要先给它"洗洗澡"，才能送回大自然。

物理处理：咕噜咕噜，水里看得见的石头、泥沙和垃圾被拦住啦！

化学处理：检查一下水里那些看不见的坏东西。

生物处理：使用厌氧菌或者需氧菌，将藏在污水中的坏东西变成无害的。

学习笔记

如果我们将盐放入纯净的水中，盐溶解消失，这时的水变成了混合物，形成了盐溶液。被溶解的盐称为"溶质"，水则被称为"溶剂"。

溶质

溶剂

溶液

溶液的用途非常广泛，许多化学反应都很容易在溶液中发生。

谁擦掉了衣服上的污渍

你洗手了吗? 脏手吃东西会闹肚子的!

怎么会有这么多清洁用品?

分苹果时, 莓莓看到了豆豆脏兮兮的爪子, 顿时大发雷霆, 吓得豆豆赶紧跑进了盥洗室, 还被要求用洗手液仔细清洗爪子。

看看盥洗室里的这些瓶子和罐子, 装的都是清洁用品。

我们还能抓住空气, 形成泡沫。

亲水端

表面活性剂
它的一端喜欢水, 一端喜欢油渍。

亲油端

清洁剂里的清洁分子是一种**表面活性剂**, 它溶入水中后, 亲油端会包裹住污渍, 将顽固污渍抓起来悬浮在水中。污渍就能随水一起流走啦。

清洁分子们聚团形成 "胶束", 胶束越多, 清洁力越强。胶束形成与温度有关, 多数清洁分子在温水中更容易发挥 "本领"。

学习笔记

为什么要使用清洁剂?

水分子因为表面张力的作用, 不会积极地清理污渍。清洁分子溶解在水里, 能让水更活泼, 并帮助水抓住顽固的脏东西。

快回来, 不要抓它。

洗衣服时先浸泡一段时间, 污渍更容易去除。

很久以前，人们就发现油和草木灰混合熬煮得到的油膏，可以更快地洗干净衣服上的油污，没错，这就是早期的肥皂！

> 去除污渍的秘诀居然是油脂！

> 博士，你的手好脏！

高级脂肪酸

甘油

肥皂洗出的小脏脏
　　用肥皂洗手后，洗手水非常"脏"。这是因为肥皂不仅能抓住手上的污渍，还能抓出水中的金属离子，形成污泥般的沉淀。

油脂变成清洁剂
　　油脂和碱性物质发生了皂化反应，生成了既亲水又亲油的清洁分子。

> 是水质太硬了。

人们希望清洁剂有更多功能，给清洁分子配了各种"搭档"。

清洁分子与荧光剂
　　荧光剂是一种会发光的分子，它附着在布料上，使布料看上去更鲜亮。

清洁分子与氟化物
　　防龋齿牙膏不仅含有清洁分子，还有特殊的分子——氟化物，它能帮助牙齿形成坚硬的牙釉质。

清洁分子与漂白剂
　　漂白剂很活泼，它们像勇敢的战士，能清除衣服上的顽固污渍和细菌。

酸碱大作战

是谁把雕像的鼻子擦掉了？

酸雨是什么？

应该是酸雨干的坏事。

清晨，圆圆博士带着豆豆和莓莓到公园锻炼，他们发现了一座喷泉，有意思的是，喷泉里的雕像居然没有鼻子。

想了解酸雨是什么，我们得聊一聊化学世界里的一对"死对头"——酸和碱。

酸是一类化合物的统称，大部分尝起来有酸味的东西都属于酸。酸具有"腐蚀性"。比如我们胃里的胃酸主要的工作就是腐蚀食物，让身体吸收更多营养物质。

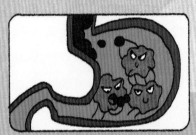

不过酸的用途也很多，不仅可以用来清除水壶里的水垢，还可以用作调味剂。饮料中常加入柠檬酸，增加饮料的口感。

原来酸雨是这样来的。

煤和石油的燃烧是造成酸雨的"祸首"。

曾经有一个著名的笑话，发生在发现"路易斯酸"的化学家路易斯身上。一天早晨，路易斯的助手闯进了他的办公室，举着一个冒着气泡的玻璃瓶叫起来！

当人类活动产生的酸性气体与天上的水蒸气相遇，就会形成硫酸和硝酸小水滴，使雨水酸化，这时落到地面的雨水就成了酸雨。

新鲜出炉的超级酸！它可以溶解一切物质！

那你是怎么用玻璃瓶装起来的？

它不能溶解玻璃……

碱也是一类化合物的统称，它们通常带着一点点涩味。碱可以有效地对抗油脂污渍，因此，牙膏、肥皂等多数清洁剂多呈碱性。

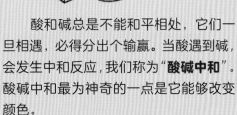

酸和碱总是不能和平相处，它们一旦相遇，必得分出个输赢。当酸遇到碱，会发生中和反应，我们称为"**酸碱中和**"。酸碱中和最为神奇的一点是它能够改变颜色。

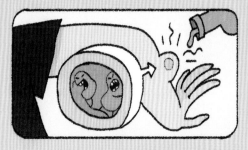

当我们被蜜蜂蜇了，它们吐出的"毒液"大多呈酸性，这时只要抹上碱性药膏或用肥皂涂抹、清洗伤处，这些让人难受的"毒液"就会被中和。

化学变化以及生产过程都与 pH 有关，因此，在工业、农业、医学等领域都需要测量 pH 值。

学习笔记

如何能知道溶液是酸还是碱呢？化学家发现了能判定溶液酸碱性质的酸碱指示剂，指示剂遇到酸或碱会发生明显的颜色变化。

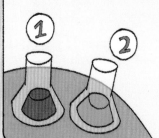

石蕊指示剂，遇酸变红，遇碱变蓝。

pH 试纸可测定溶液酸碱性。

酸性：pH值＜7

中性：pH值＝7

碱性：pH值＞7

1 2 3 4 5 6 7 8 9 10 11 12 13 14

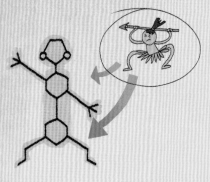

谁说科学家们都不懂幽默，看看这些调皮可爱的纳米小人，它们是通过有机合成的方式制成的。

要让原子们按照人们的想法结合成为特定的分子，是件不容易的事。

科学家也可以单独制作戴着各种帽子、有不同表情的头部，为纳米小人换脸。

第一步，合成上半身

先合成身体　再合成双手　单独制作头部

第二步，合成下半身

制作肚子　装上腿

第三步，拼合身体

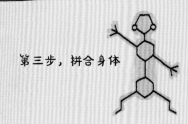

有机合成的魅力不止于此，除了可以做纳米小人，还能合成各种可爱的小动物。

你可以在小小一片金箔上，制作出一个纳米动物园。

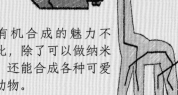

驾驶这种汽车的是分子哟。不知道分子们有没有驾照！

圆圈博士正在准备参加一场"纳米汽车比赛"。 他将制作纳米级别的小车与世界各国的科学家们一起竞赛。

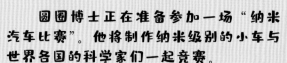

这是微小的分子汽车，它本身也是一种分子。

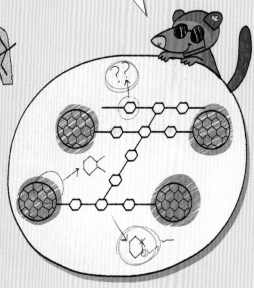

科学家正在挖掘这种纳米汽车的功能，未来，我们可以控制纳米汽车，使之成为微观世界里分子、原子的交通工具。

凭空发生

今天是豆豆和莓莓的生日，圆圈博士带着它们到蛋糕店选购了一款漂亮的水果蛋糕。没想到，吃个蛋糕还能学到化学知识！

蛋糕上的水果容易氧化，要尽快吃掉。

什么是氧化？

这是一种化学反应。

水果被切开后，活泼的**氧原子**悄悄地钻进了果肉里，并与里面的分子发生化学反应，产生新的、带有颜色的东西。看上去就像水果变了颜色。这是一种"**氧化**"现象。

博士课堂开课啦！

里

外

氧化发生啦！

哦！这就是氧化还原反应呀！

学习笔记

氧化还原反应是一场争夺电子的"游戏"。原子中失去电子的一方被"氧化"，得到电子的一方被"还原"，它们同时发生。

氧化剂

是抢电子本领高强的物质。

还原剂

是容易失去电子的物质。

在水果的切口上抹一点柠檬汁，能延缓水果被氧化。

氧气不只是"欺负"水果，它还能氧化金属、食物甚至动植物。

被氧化生锈的自行车，骑行非常费力。

铁在水中容易与氧气发生反应形成铁锈。

给铜像"换"了颜色。

强氧化剂

金很难被氧气氧化，想氧化金，需要抢电子能力更强的强氧化剂，比如"王水"。

金与强氧化剂发生了反应，溶解消失了。

食物氧化变质

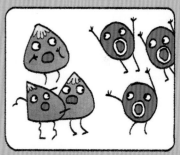

不过，动植物的每一次呼吸都是一场氧化还原反应，它维系着生命，有利也有弊。

许多氧化现象会给人们的生活和工作带来严重影响，甚至会危害生命，为此，人们想尽办法阻止物体被氧化。

人们在单一金属中混入其他物质，能制成不容易被氧化的合金以减弱金属的氧化。

脱氧剂可以吸收掉密闭空间里的氧气，减缓食物的氧化速度。

脱氧剂不能吃，但是零食吃完前最好别扔掉。

动植物呼吸

氧气在我的肺里啦！

植物的呼吸作用与光合作用相反，呼吸作用发生时，植物吸收氧气，释放二氧化碳。

21

带着记号的元素侦察兵

地球大约 46 亿岁啦。

你怎么知道地球的年龄？地球诞生时你看见了？

这块石头能告诉我们地球的年龄。

大家突然讨论起地球的"年龄"来，很难想象人类是如何知道地球的年龄的。毕竟地球诞生时人类还没出现，但化学的魔法可以推算出地球的年龄。

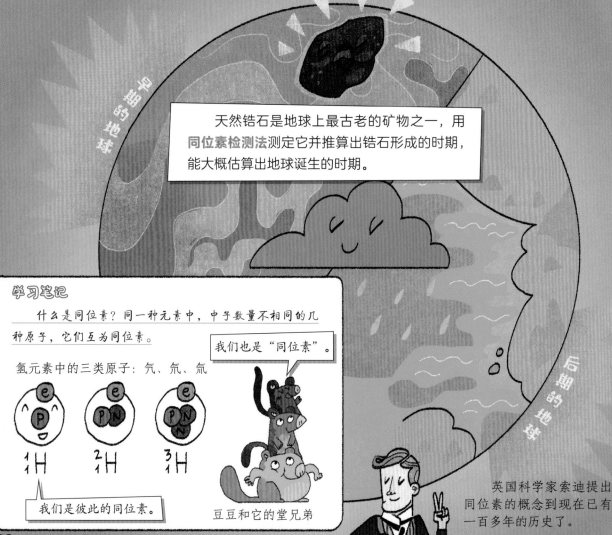

天然锆石是地球上最古老的矿物之一，用**同位素检测法**测定它并推算出锆石形成的时期，能大概估算出地球诞生的时期。

学习笔记

什么是同位素？同一种元素中，中子数量不相同的几种原子，它们互为同位素。

氢元素中的三类原子：氕、氘、氚

^1_1H ^2_1H ^3_1H

我们是彼此的同位素。

我们也是"同位素"。

豆豆和它的堂兄弟

英国科学家索迪提出同位素的概念到现在已有一百多年的历史了。

22

有的同位素能发射射线，又被称为"**放射源**"。这些同位素会留下踪迹。在地质、考古方面，利用有**放射性**的同位素，不仅能测定矿石的年龄和化石的年代，甚至还能检测出几千年前的史前人类吃什么！

如果放射源进入到细胞中，科学家可以跟着它一起周游细胞，了解细胞是怎样工作的。

科学家对一座四千年前就已存在的小岛上的碳、氮同位素做了调查，发现岛上的人多以植物和海边动物、鸟类为食。

这只恐龙大约生活在 1 亿年前！

带有放射性的碳14是碳的一个同位素。测量碳14的含量能发现恐龙化石里的秘密。

化学中还有个有趣的现象，叫作同素异形体。如果把碳原子按不同情况排列在一起，可以得到不同的东西。

我是由60个碳原子组成的球。

我是由一堆碳原子平铺排列组成的，比较脆！

石墨（铅笔芯）

钻石

碳60

我是由一群碳原子堆成的架子，非常坚硬！

多姿多彩的生命与化学

什么？我是只恐龙？

关于地球年龄的讨论结束啦，圆圈博士告诉豆豆和莓莓，曾经组成恐龙的原子，说不定正在我们的身体里。

不，不是那么回事。

科学家发现，生命体是由特定的几十种必需元素组成，其中碳、氢、氧、氮、磷、硫、钙等元素占了绝大多数。细胞利用它们组成不同的**氨基酸**、**糖类**等物质。

体细胞是一个个"小工厂"，它们勤劳地生产着蛋白质。

生物体利用特殊的化学反应，通过呼吸、消化等方式，相互交换彼此体内的元素，获取营养和能量。

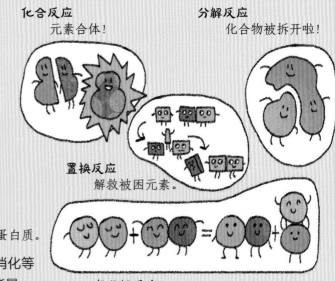

化合反应
元素合体！

分解反应
化合物被拆开啦！

置换反应
解救被困元素。

复分解反应
我们全部拆开重新组合。

青草通过光合作用"吃掉"空气里的二氧化碳，获得碳、氢、氧等原子，并重新组合它们。

羊吃掉了青草，青草里的各种元素成了羊的一部分。

羊拉出的便便，又成为草生长所需的肥料。

我们会生病，可能是缺乏某种营养元素，而我们通过吃药，可以为身体补充这些营养元素，帮助身体里的免疫细胞与病菌战斗。

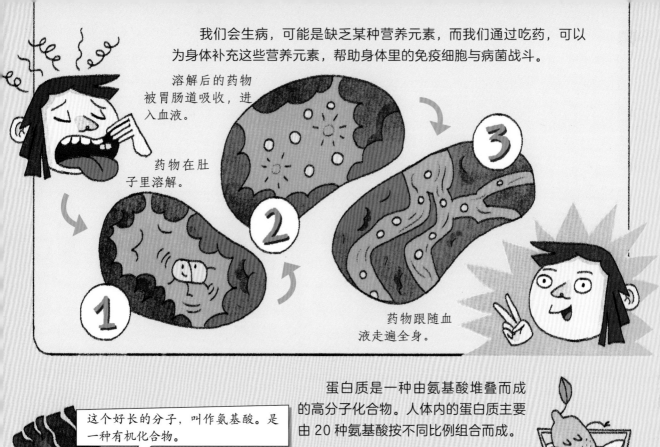

溶解后的药物被胃肠道吸收，进入血液。

药物在肚子里溶解。

药物跟随血液走遍全身。

蛋白质是一种由氨基酸堆叠而成的高分子化合物。人体内的蛋白质主要由 20 种氨基酸按不同比例组合而成。

这个好长的分子，叫作氨基酸。是一种有机化合物。

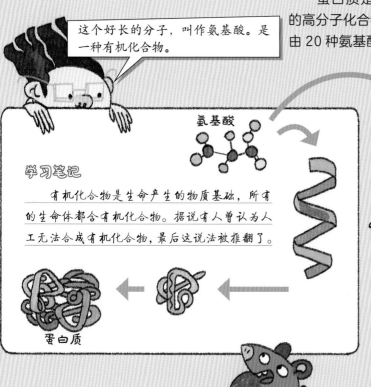

氨基酸

学习笔记

有机化合物是生命产生的物质基础，所有的生命体都含有机化合物。据说有人曾认为人工无法合成有机化合物，最后这说法被推翻了。

蛋白质

它们正在组合成蛋白质。

蛋白质很容易被破坏。往牛奶里加入柠檬，牛奶中的蛋白质就会凝结成块。

我们的身体里每时每刻都发生着化学反应，它们保证身体能正常"工作"。化学真了不起。

为什么要吃蔬菜和水果

肚子饿得咕咕叫的圆圆博士一行人来到了小镇上最爱欢迎的"营养餐厅"。豆豆不爱吃花椰菜，莓莓不爱吃胡萝卜，它们把这些食物都剩在了盘子里。

我们身体里的化学反应需要**维生素**来"保护"，但是大多数必需维生素是人体无法合成的，我们只能从食物中获取，如果挑食就会出现营养不良。

维生素A能帮助细胞"成长"，还能让眼睛更清晰明亮。但不能吃太多，否则骨头容易变脆弱。

> 妈妈说我们的身体需要它们，可我真的不喜欢吃。

嘴角裂口、长口腔溃疡，是缺乏维生素B₂的表现，这时只要补充维生素B₂，伤口很快就会好。

> 不能吃太多胡萝卜和南瓜，否则会变成小黄人。

维生素E可以保护我们的内脏，它的来源广泛，不容易缺乏但容易过量。

不是所有的维生素我们都可以吸收。这些不能吸收的东西会被我们排出体外。

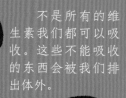

这就是人类敢吃奇形怪状的水果的原因吗？

维生素D和钙是一对好搭档，它能帮助身体吸收钙，让我们快快长高。缺乏维生素D时，我们会变得沉闷、抑郁甚至生病。

学习笔记

宇航员在外太空如何保证健康饮食？

食用脱水保存的食物（食物脱水后，许多微生物就不能在食物上大量繁殖腐化食物了）。

食用维生素复合片（直接补充维生素）。

食用真空保鲜的食物（没有空气时，能减缓食物因氧化反应而变质的速度）。

当身体缺乏维生素C时，容易出现"坏血症"。曾经，许多航海家在大海上因为患上坏血症而死亡。

船员们会储存柠檬、橘子等维生素C含量较高又易于存放的水果，以防止在海上患上坏血症。

盐的百变魔法

绿色的盐是不是抹茶味儿的?

豆豆和莓莓偷偷溜进了圆圆博士的秘密仓库,这里藏着很多不同颜色的"盐"。它们正在探索时,就被博士发现啦!

两个小淘气,这些可不是炒菜用的盐!

盐类可以结成千奇百怪的漂亮晶体。

酸式盐

正盐

碱式盐

食盐的晶体像个小方块一样。

化学上,**盐**是指酸和碱中和后的产物,不仅只是指厨房里白白的食盐。

盐类有可溶解和难溶解两大类。

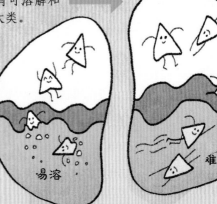

易溶

难溶

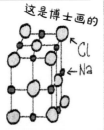

学习笔记

晶体是原子、离子或分子按一定的空间结构排列而组成的固体,具有规则的外形。

这是博士画的

Cl

Na

Cl

Na

氯化钠晶体

28

大理石（碳酸钙盐）

石膏（硫酸钙盐）

很多盐藏在矿石中，在被提取出来以前，它们就是普普通通的石头。盐矿石可以做成各种装饰品，也能用于冶炼**珍贵的金属。**盐制成盐溶液还能用于电镀工艺中。

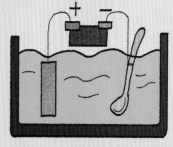

5000 年前，人类就能从**盐矿石中冶炼**出金属。随着技术进步，中国的炼丹师和外国炼金师都很喜欢摆弄盐类矿石。

棕色的勺子在盐做成的溶液中，可以被镀上一层新颜色。

炼丹师想炼出吃了可以长生不老的丹药。

炼金师想把石头变成黄金。

青铜冶炼。

拿破仑统治时期，金属铝很难获得，它变成了贵族的象征。

用黄金跟你交换。

铝比黄金罕见！

点石成金和炼丹都有些夸大化学的威力！

不过，金属的冶炼技术真的改变了人类的历史，创造了不同的文明。

人类历史中的青铜时代和铁器时代就是以使用的金属器进行划分的。

现在金属铝太常见了。它是除铁以外使用最普遍的金属之一。

元素有规律

原子序数	**92**	**U** — 元素符号
	铀	元素名称

铀是制作核武器的原料之一。

金属　非金属

我是门捷列夫，我预测出了这个元素。

放射性元素，很危险！

据说居里夫人的笔记本至今仍具放射性，其放射性还要1500年才能消失。

1 H 氢								
3 Li 锂	4 Be 铍							
11 Na 钠	12 Mg 镁							
19 K 钾	20 Ca 钙	21 Sc 钪	22 Ti 钛	23 V 钒	24 Cr 铬	25 Mn 锰	26 Fe 铁	27 Co 钴
37 Rb 铷	38 Sr 锶	39 Y 钇	40 Zr 锆	41 Nb 铌	42 Mo 钼	43 Tc 锝	44 Ru 钌	45 Rh 铑
55 Cs 铯	56 Ba 钡		72 Hf 铪	73 Ta 钽	74 W 钨	75 Re 铼	76 Os 锇	77 Ir 铱
87 Fr 钫	88 Ra 镭		104 Rf 𬬻	105 Db 𬭊	106 Sg 𬭳	107 Bh 𬭛	108 Hs 𬭶	109 Mt 鿏

57 La 镧	58 Ce 铈	59 Pr 镨	60 Nd 钕	61 Pm 钷	62 Sm 钐
89 Ac 锕	90 Th 钍	91 Pa 镤	92 U 铀	93 Np 镎	94 Pu 钚

曾经神秘的43号元素被认为是不存在的。直到它被科学家在实验室中合成出来。人们用希腊语"人工"一词为它命名。

门捷列夫画出了周期表，标志着化学作为一种新的自然科学的诞生。在化学的学习中，我们需要熟悉并学会使用元素周期表。

我还预测了这两个！

镧系元素都是稀土元素（又称"稀土金属"）。

人工合成的威力

100多年前，圆圈博士的爷爷方块博士生活在一个普通的小村庄里。那时人们的生活相比现在落后很多。

人们的衣服主要由棉花、羊毛、蚕丝以及棉麻植物的茎制成。这些制造衣服的材料常受到自然环境的影响，产量不高。

从棉花中得到棉
一件成年人的棉衣大约需要填充一千克棉花。

养羊获取羊毛
一件羊毛衫大约需要三只羊的绒毛。

养蚕得茧获得丝线
一年只能收获3到4次蚕茧。

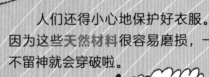

人们还得小心地保护好衣服。因为这些天然材料很容易磨损，一不留神就会穿破啦。

人类很早就开始用染料染制衣物，一些特殊的颜色很难获得，比如紫色。在一段时间内紫色衣服只有皇室贵族才能穿。

颜色最为绚烂的还要数瓷器。不过那个时候，瓷器匠人想要烧出漂亮的颜色，也需要靠天时地利。

想烧出一些特别的颜色，得掌控好温度。

现在——

圆圈博士带着豆豆和莓莓准备去往工厂，他们乘着小汽车路过繁华热闹的都市中心。巨大的玻璃橱窗里，衣服花样繁多、色彩丰富多变。合成纤维的出现，让我们的服装发生了巨大的变革。

"纶"家族有六大主力军，它们是涤纶、锦纶、腈纶、维纶、丙纶、氯纶。实力担当还要数涤纶、锦纶和腈纶。

工厂里也能生产"羊毛"啦！

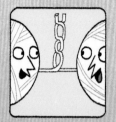

涤纶又叫"聚酯纤维"，它常和棉搭配在一起，使棉质衣服更耐磨。

锦纶是聚酰胺纤维，又叫"尼龙"。它很细但非常坚韧。

腈纶是聚丙烯腈纤维，它的特性很像羊毛，又称"人造羊毛"。

可乐瓶也是涤纶做的。

这本书都不够写完所有的颜色。

人们发现颜色来自各种元素后，开启了调色的大门。人工合成的颜料不仅产量高，而且色彩丰富。

合成新东西的原材料就在我们将要去的地方，你们一定会大吃一惊！

学习笔记

　　聚酯纤维是年产量位居第一的人工合成纤维。它不仅能制成布料，还可以做成饮料瓶、食品保鲜盒、超市里使用的一次性包装盒。

黑乎乎的石油不一般

石油工厂到了。它长得可真不一般，房子像大罐子，还有直冒烟的高烟囱。管道铺了一片，连接着这些"瓶瓶罐罐"。

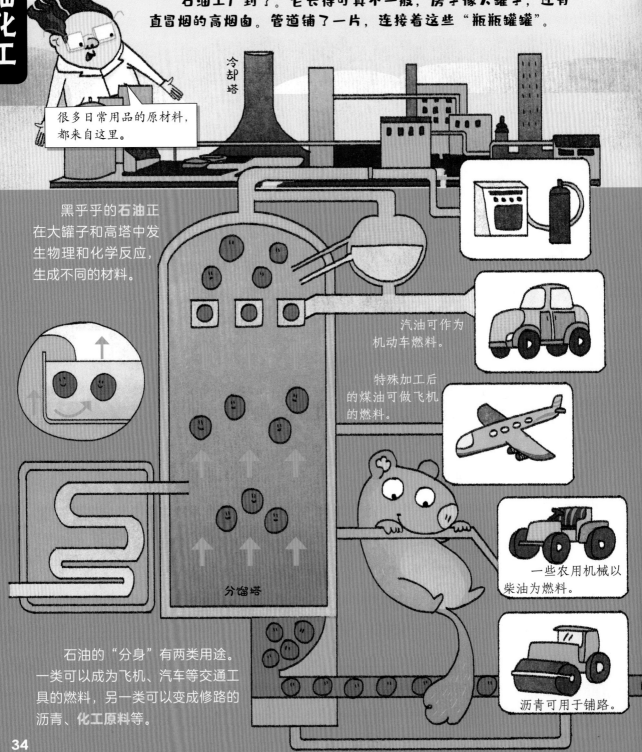

很多日常用品的原材料，都来自这里。

冷却塔

黑乎乎的**石油**正在大罐子和高塔中发生物理和化学反应，生成不同的材料。

汽油可作为机动车燃料。

特殊加工后的煤油可做飞机的燃料。

分馏塔

一些农用机械以柴油为燃料。

石油的"分身"有两类用途。一类可以成为飞机、汽车等交通工具的燃料，另一类可以变成修路的沥青、**化工原料**等。

沥青可用于铺路。

石油从工厂里"走"一圈，就能分解成很多东西，影响人们的衣食住行。石油是当之无愧的**"液体黄金"**。

石油从哪儿来？

石油来自陆地深层和海底。需要开采出来送往工厂加工后，才能成为日常用品的原材料。

石油会用完吗？

有人说石油是动植物等有机体沉积在地下，经过几百万年变化而成，数量有限，终有一天会被使用完。也有的人说石油是可再生的。人们对这两种说法一直争论不断。

世界很多地方都分布着石油，人们在石油富饶的地方建立油田开采石油。

学习笔记

石油的开采：石油藏在地下，需要勘测到它们的存在，然后建造油井进行采集。

广义的石油不仅指液态的原油，还包括气态的天然气、固态的沥青等。

地球上的石油是有限的，我们还需要找寻更多的能源物质。

新物质是对化学技术的考验，也是对人类科技的考验。

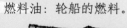
燃料油：轮船的燃料。

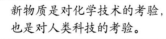
石蜡：可用于制造蜡烛、防水剂等。

润滑油：可用于各种机器。

创造黑科技的电化学

最近圆圆博士一直在实验室里研究电。大大小小的水缸是工具，它们正咕噜咕噜冒着气泡。难道，那些气泡就是不能摸也看不见的电吗？

博士抓到电了吗？

我在指挥电。

我们知道原子中有一种更小的东西——**电子**。通常情况下电子一直围着原子核旋转，就像地球围着太阳转一样。但是有时候电子会离开原子核，跑到别的原子那儿去。

走吧走吧，别烦我。

容易让电子通过的物质叫作"导体"。

想跑哪儿去呀？

对电子管理不严的物质叫"半导体"。

限流啦，不准推挤。

不容易让电子逃走的物质叫"绝缘体"。

当自由自在的电子受到一股神秘力量的"号召"时，它们会沿着"导体"向同一个方向移动。电流就产生了。不过，但凡有可通行的岔路，电子就会汇聚过去。

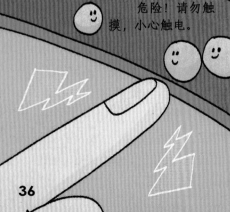

危险！请勿触摸，小心触电。

人们不仅架起了传送电流的通道让电进入千家万户，还把电装在小方块里，安装在各种电子产品中，为电子产品提供能量。

电池也有大用途。

水分子能离开液态水进入空气中、胃里的食物可以被身体吸收、吃了很咸的东西觉得口渴等，都是因为分子不是固定不动的，它们其实会自动转移。这种现象在化学中称为**"传质"**。当分子在溶液中电解成离子后，它们就变得更加活泼啦！

我们的身体里也无时无刻不在发生**电化学反应**。人体像个庞大的"水箱"，身体中的离子肩负起传送信息的使命。信息的传递需要依靠电化学进行。

1.神经递质传导到大脑。

2.肌肉做出条件反射。

快收缩！

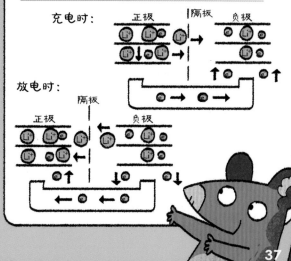

学习笔记

含有金属锂的"锂电池"是一种常见的可充电电池。金属锂容易失去电子，科学家利用它的这一特性，让它把电子"丢"出来，产生能量。

充电时：

正极　　隔板　　负极

放电时：

正极　　　隔板　　　负极

化学大人物

化学的学习之旅就要结束了，圆圈博士带豆豆和莓莓参加了附近举办的化学展览会。在这里，它们看到了一些重要材料，还"遇见"了许多著名的化学家。

橡胶制品：丁基橡胶

丁基橡胶是一种合成橡胶，有着环保材料的美名。

塑料制品：聚氯乙烯

人们对塑料大为赞叹："塑料将是设计师和发明家们在未来一千年中使用最多的材料之一。"

药物：奎宁

医学上有许多药物需要运用化学手段进行提取甚至人工合成。

防弹材料：特殊纤维

制造软体防弹衣的高性能纺织纤维可以吸收来自子弹的能量。

纤维织物的胶粘剂：聚醋酸乙烯酯

它可以粘合无纺布、木料，也是透明胶带黏性的来源。

化学不是炼金术士的把戏，它具有更大的作用！

近代化学的奠基人：波义耳

他使化学成为一门以实验为基础的学科，不再附庸于炼金术和医学。他的《怀疑派化学家》一书是近代化学的开端。

氧化学说的提出者——安托万·拉瓦锡

拉瓦锡提出了元素和氧化的概念，被称为"近代化学之父"。他痴迷实验研究，即使面临死亡，也不忘科学实验。

原子可以组合成新东西，我称这些新东西为分子。

真是胡说八道，你的理论不对！

原子论的提出者——道尔顿

英国化学家道尔顿提出了"原子论"，他一直认为阿伏伽德罗的"分子说"是错误的。当时很多人也都不接受"分子说"。

分子概念的提出者——阿伏伽德罗

阿伏伽德罗是来自意大利的化学家和物理学家。他提出了分子的概念，并解释了分子和原子的区别。

这个元素存在，但我们没有找到。

看，它多么漂亮。

元素周期律的发现者——门捷列夫

俄国化学家门捷列夫发现了元素周期律，并制作出了世界上第一张元素周期表，通过这个规律正确地预测了一些未被发现的元素。

镭的发现者——玛丽·居里

居里夫人是世界上第一个两次获得诺贝尔奖的人，她和丈夫发现了放射性元素镭。当时人们并未意识到镭的放射性会威胁生命，因它会发光，有人还用它制作首饰。

这个晶体结构是不是很漂亮？

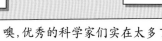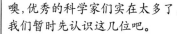

噢，优秀的科学家们实在太多了，我们暂时先认识这几位吧。

分子之间有着奇妙的联系。

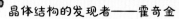

晶体结构的发现者——霍奇金

这位英国化学家是X光化学领域的先驱，她找到并确认了青霉素、胰岛素和维生素B_{12}等分子的结构。

两度获得诺尔贝奖的科学家——鲍林

美国化学家鲍林在化学键上的研究使得化学更严谨、精确，也因此获得了诺贝尔化学奖，后因反对核弹在地面测试的行动，又获得了诺贝尔和平奖。

作者简介：

郭元婕，博士，中国教育科学研究院教育理论研究所副研究员，兼任中国地方教育史志研究会学校史志分会秘书长。主持"学区制的比较研究"、"义务教育办学体制改革研究"、"我国青少年科技兴趣调查"等国家级和省部级以上课题和项目十余个。

绘者简介：

阿里安娜·贝鲁奇，来自意大利佛罗伦萨的自由插画家，毕业于尼莫数字艺术学院的娱乐设计专业，曾是意大利电子游戏工作室的角色设计师和概念设计师，对儿童绘本、动画电影和音乐充满热情。